essentials

Springer Essentials sind innovative Bücher, die das Wissen von Springer DE in kompaktester Form anhand kleiner, komprimierter Wissensbausteine zur Darstellung bringen. Damit sind sie besonders für die Nutzung auf modernen Tablet-PCs und eBook-Readern geeignet. In der Reihe erscheinen sowohl Originalarbeiten wie auch aktualisierte und hinsichtlich der Textmenge genauestens konzentrierte Bearbeitungen von Texten, die in maßgeblichen, allerdings auch wesentlich umfangreicheren Werken des Springer Verlags an anderer Stelle erscheinen. Die Leser bekommen „self-contained knowledge" in destillierter Form: Die Essenz dessen, worauf es als „State-of-the-Art" in der Praxis und/oder aktueller Fachdiskussion ankommt.

Ekbert Hering

Kalkulation für Ingenieure

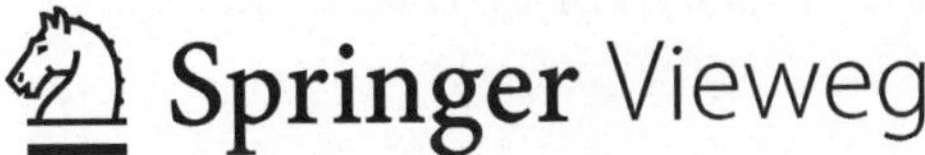

Prof. Dr. mult. Dr. h.c. Ekbert Hering
Hochschule für angewandte
Wissenschaften Aalen
Deutschland

ISSN 2197-6708   ISSN 2197-6716 (electronic)
ISBN 978-3-658-05198-3   ISBN 978-3-658-05199-0 (eBook)
DOI 10.1007/978-3-658-05199-0

Die Deutsche Nationalbibliothek verzeichnet diese Publikation in der Deutschen National-
bibliografie; detaillierte bibliografische Daten sind im Internet über http://dnb.d-nb.de
abrufbar.

Springer Vieweg
© Springer Fachmedien Wiesbaden 2014

Springer Vieweg ist eine Marke von Springer DE. Springer DE ist Teil der Fachverlagsgruppe
Springer Science+Business Media
www.springer-vieweg.de

Vorwort

Dieses Werk basiert auf dem „Handbuch Betriebswirtschaft für Ingenieure" von Ekbert Hering und Walter Draeger, 3. Auflage 2000. Dieses Werk hat sich einen hervorragenden Platz als Lehrbuch für Studierende, insbesondere der Ingenieurwissenschaften, und als Standard-Nachschlagewerk für Ingenieure in der Praxis geschaffen. Die Vorteile sind die *große Praxisnähe* (das Werk wurde von Praktikern für Praktiker geschrieben), die Präsentation der *ganzen Breite des Managementwissens,* die vielen Beispiele, welche die sofortige Umsetzung in den betrieblichen Alltag ermöglichen sowie die umfangreichen Grafiken, welche die Zusammenhänge veranschaulichen. Das Kapitel über Kalkulation wurde um folgende Aspekte erweitert: Kalkulation von Dienstleistungen, Kalkulation mit Deckungsbeiträgen und die Kalkulation mit Prozesskosten. Für alle Bereiche zeigen Rechenbeispiele die Kalkulationsmethoden. Zusätzliche Grafiken zeigen anschaulich und verständlich die Methoden und Anwendungen der Kalkulationsmöglichkeiten. Diese klaren Strukturierungen ermöglichen es dem Leser, seine Kalkulationsanforderungen in der Praxis sofort erfüllen zu können.

Inhaltsverzeichnis

Einleitung 1

Was Sie in diesem Essential finden können:
- Errechnung von Angebotspreisen in der Produktion und bei Dienstleistungen
- Bestimmung von Preisuntergrenzen
- Hinweise zur Vermeidung von Verschwendung
- Hinweise zur Erhöhung der Wirtschaftlichkeit und der Produktivität

Die Kalkulation ermittelt die *Kosten* der Leistungen und errechnet daraus die *Preise* der einzelnen Güter und Dienstleistungen. Diese kalkulierten Preise sind oft nicht die Marktpreise. Liegen diese niedriger, dann müssen Maßnahmen zur Senkung der Herstellkosten ergriffen werden. Die Kalkulation gibt weiterhin wichtige Hinweise für die Wirtschaftlichkeit des Herstellungsprozesses (wirtschaftliche Prozesse haben geringe Herstellkosten). Diese kalkulierten Preise sind oft nicht die Marktpreise. Liegen diese niedriger, dann müssen Maßnahmen zur Senkung der Herstellkosten ergriffen werden. Die Kalkulation gibt weiterhin wichtige Hinweise für die Wirtschaftlichkeit des Herstellungsprozesses (wirtschaftliche Prozesse haben geringe Herstellkosten). Die Herstellkosten sind für die Bewertung der Halb- und Fertigfabrikate in der Bilanz wichtig. Zusammenfassend hat die Kalkulation folgende Aufgaben zu erfüllen:

- Ermittlung der Kosten von Produkten und Dienstleistungen,
- Ermittlung der Preise und der Preisuntergrenzen,
- Informationen zu den Stundensätzen in der Produktion und bei der Erstellung einer Dienstleistung,
- Informationen für den Einkauf, die Konstruktion und die Fertigung,
- Informationen für die Wirtschaftlichkeit von Prozessen,

E. Hering, *Kalkulation für Ingenieure*, essentials,
DOI 10.1007/978-3-658-05199-0_1, © Springer Fachmedien Wiesbaden 2014

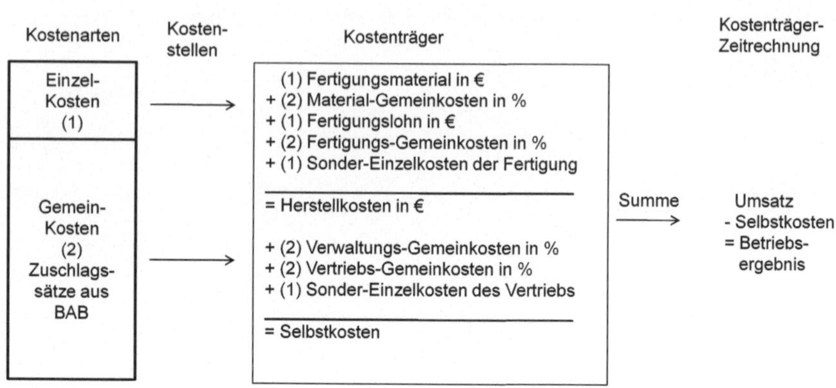

Abb. 1.1 Kostenverrechnung bei der Kalkulation mit Vollkosten. (Eigene Darstellung)

- Einleitung von Kostensenkungsmaßnahmen, wenn die Marktpreise niedriger sind als die kalkulierten Preise,
- Kosten-Informationen für die einzelnen Kostenstellen,
- Kosten- und Preisinformationen für die Sortimentspolitik (z. B. in welchen Branchen bzw. Ländern werden mit welchen Produkten/Dienstleistungen noch Gewinne erzielt, bzw. Verluste in Kauf genommen).
- Ermittlung der Daten für die Bestandsbewertung,
  Je nach Zeitpunkt für die Kalkulation wird unterschieden in:
  - *Vorkalkulation*,
  - *Zwischenkalkulation* und
  - *Nachkalkulation*.

In der *Vorkalkulation* werden mit vorher festgelegten *Plankosten* und den erwarteten *Plan-Gemeinkostenzuschlägen* die Kosten ermittelt. Die Nachkalkulation dagegen rechnet mit den tatsächlich angefallenen Kosten und Gemeinkostenzuschlägen. Falls die Fertigungszeit einer Leistung (z. B. einer Papiermaschine oder einer Presse) sich über mehrere Monate erstreckt, dann sind *Zwischenkalkulationen* nützlich, welche den augenblicklichen Kostenstand feststellen. Bei eventuellen Kostenüberschreitungen können dann sehr schnell Korrekturen vorgenommen werden, so dass der geplante Kostenrahmen eingehalten werden kann.

Abbildung 1.1 zeigt, wie bei einer Vollkostenrechnung die Kosten für eine Kalkulation verrechnet werden. Die *Einzelkosten* 1) werden direkt dem Kostenträger (z. B. den Produkten oder Dienstleistungen) zugeordnet, während die *Gemeinkosten* 2) als Block über den Betriebsabrechnungsbogen (BAB) durch Anwendung von Zuschlagssätzen verrechnet werden. In der *Kostenträger-Zeitrechnung* ergibt sich das Betriebsergebnis aus der Differenz zwischen Umsatz und Selbstkosten.

Einfache Zuschlagskalkulation   2

In der einfachen Zuschlagskalkulation werden nur die Kostenblöcke nach Abb. 1.1 zur Kalkulation herangezogen. Eine weitere detaillierte Kostenzurechnung (z. B. Berücksichtigung von Provisionen, Skonti oder Rabatte) wird dabei nicht vorgenommen.

2.1 Einfache Zuschlagskalkulation in der Produktion

Wie Abb. 2.1 zeigt, wird bei der Zuschlagskalkulation folgendermaßen vorgegangen: Zunächst werden die *Materialkosten* ermittelt (als Summe aus Materialkosten und Material-Gemeinkosten), dann die *Fertigungskosten* (Fertigunglöhne + Sonderkosten der Fertigung + Fertigungsgemeinkosten). Die Summe aus den Material- und Fertigungskosten ergeben die *Herstellkosten* des Produktes. Zu den Herstellkosten werden die Vertriebs- und Verwaltungs-Gemeinkosten addiert. Diese Summe sind die *Selbstkosten* eines Produktes. Mit einem Gewinnaufschlag errechnet sich der *kalkulatorische Nettoerlös* und um die Mehrwertsteuer ergänzt der *Bruttoerlös* eines Produktes (s. Springer Essential „Deckungsbeitragsrechnung für Ingenieure").

Wie Tab. 2.1 zeigt, ist bei einem Materialeinsatz von 120.000,- €, bei 124 Fertigungsstunden zu 135,- €, 207 % Fertigungs-Gemeinkosten, 5 % Verwaltungs-Gemeinkosten und 12 % Vertriebs-Gemeinkosten, 10 % Gewinnzuschlag und 19 % Mehrwertsteuer der kalkulatorische Bruttoerlös bei 280.257,- €. *Kalkulatorisch* heißt in diesem Zusammenhang, dass dies ein Wert ist, der vom Betrieb aufgrund seiner Kostenstruktur kalkuliert wurde. Ob dieser Preis als *Marktpreis* gültig sein kann, ist nicht gewiss.

E. Hering, *Kalkulation für Ingenieure*, essentials,
DOI 10.1007/978-3-658-05199-0_2, © Springer Fachmedien Wiesbaden 2014

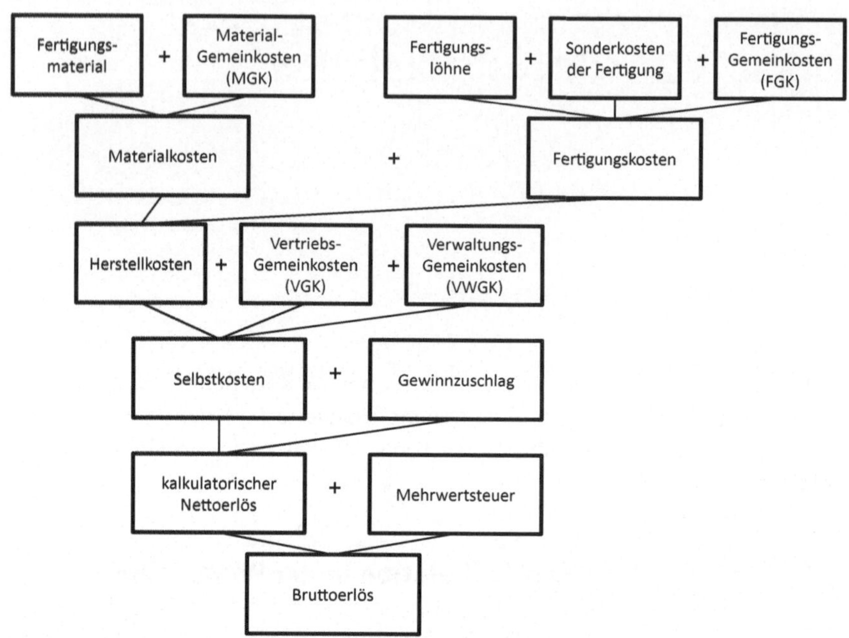

Abb. 2.1 Schema der Zuschlagskalkulation. (Eigene Darstellung)

2.2 Einfache Zuschlagskalkulation für eine Dienstleistung

Die Zuschlagskalkulation für Dienstleistungen erfolgt nach dem gleichen Schema wie in Abb. 2.1 dargestellt. Statt den Fertigungskosten werden in diesem Falle die *Dienstleistungskosten* ermittelt. Sie ergeben sich aus der Formel:

Dienstleistungskosten = Stunden Dienstleistung × Stundensatz Dienstleistung.

Im folgenden Beispiel wird eine Zuschlagskalkulation für ein Konstruktionsbüro gezeigt. Im Zuge der Auflösung größerer Unternehmen in einzelne *Leistungs-Center* ist diese Rechnung auch übertragbar auf das Leistungs-Center „Konstruktion". Dieses Leistungs-Center muss seine Leistungen, das Anfertigen von Konstruktionen, den Fertigungsabteilungen und auf dem freien Markt anbieten. Wie Tab. 2.2 für eine spezielle Konstruktionsleistung zeigt, ist bei einem Materialaufwand von 15.000,- € und 16 h Konstruktionszeit mit einem Stundensatz von 95,- €/h, 14 %

Tab. 2.1 Beispiel für eine einfache Zuschlagskalkulation in der Produktion. (Eigene Darstellung)

Einfache Zuschlagskalkulation für ein produzierendes Unternehmen					
1	Material			120.000	
2	Material-Gemeinkosten			6.000	
3	**Materialkosten**			**126.000**	
4	Fertigungslöhne (124 h)		124	16.740	
5	Fertigungs-Gemeinkosten			34.652	
6	Sonderkosten der Fertigung			5.600	
7	**Fertigungskosten**			**56.992**	
8	**Herstellkosten**			**182.992**	
9	Verwaltungs-Gemeinkosten			9.150	
10	Vertriebs-Gemeinkosten			21.959	
11	**Selbstkosten**			**214.100**	
12	Gewinnzuschlag			21.410	
13	**kalkulatorischer Netto-Erlös**			**235.510**	
22	Umsatzsteuer			44.747	
23	**Bruttoerlös**			**280.257**	
	Material-Gemeinkosten		5%		
	Stundensatz Fertigung (€/h)		135		
	Fertigungs-Gemeinkosten		207%		
	Verwaltungs-Gemeinkosten		5%		
	Vertriebs-Gemeinkosten		12%		
	Gewinnzuschlag		10%		
	Mehrwertsteuer		19%		

Tab. 2.2 Beispiel für eine einfache Zuschlagskalkulation für die Dienstleistung Konstruktion. (Eigene Darstellung)

Einfache Zuschlagskalkulation für die Dienstleistung "Konstruktion"

1	Material		15.000	
2	Material-Gemeinkosten		750	
3	**Materialkosten**		**15.750**	
4	Konstruktionszeit (16 h)	16	1.520	
5	Konstruktions-Gemeinkosten		213	
6	Sonderkosten der Konstruktion		5.600	
7	**Konstruktionskosten**		**7.333**	
8	**Herstellkosten**		**23.083**	
9	Verwaltungs-Gemeinkosten		1.154	
10	Vertriebs-Gemeinkosten		1.154	
11	**Selbstkosten**		**25.391**	
12	Gewinnzuschlag		2.539	
13	**kalkulatorischer Netto-Erlös**		**27.930**	
22	Umsatzsteuer		5.307	
23	**Bruttoerlös**		**33.237**	
	Material-Gemeinkosten	5%		
	Stundensatz Konstruktion (€/h)	95		
	Konstruktions-Gemeinkosten	14%		
	Verwaltungs-Gemeinkosten	5%		
	Vertriebs-Gemeinkosten	5%		
	Gewinnzuschlag	10%		
	Mehrwertsteuer	19%		

Konstruktions-Gemeinkosten (z. B. für Raumkosten, Abschreibungen CAD), 5.600,- € Sonderkosten der Konstruktion (z. B. Bezug von fremden Berechnungsprogrammen), jeweils 5 % Verwaltungs- und Vertriebsgemeinkosten, 10 % Gewinnzuschlag und 19 % Mehrwertsteuer ein Brutto-Marktpreis von 33.237,- € anzusetzen.

Erweiterte Zuschlagskalkulation 3

Bei der *erweiterten* oder *differenzierten Zuschlagskalkulation* werden folgende Tatbestände zusätzlich berücksichtigt (Tab. 3.1):

- umsatzabhängige Vertreter-Provision,
- Skonto und
- Rabatte.

In Tab. 3.2 ist das Rechenschema der Kalkulation unter Berücksichtigung von Erlösschmälerungen zu sehen. *Bemessungsgrundlage* der Vertreterprovision ist der Erlös, der (ohne Skonto) in das Unternehmen fließt. Das ist im vorliegenden Schema die Zeile 19: *kalkulatorischer Netto-Erlös 4*. Dieser Wert wird folgendermaßen errechnet:

kalkulatorischer Nettoerlös 4 = kalkulatorischer NettoErlös 1/Prozentsatz t.

Der *Prozentsatz t* gibt an, wieviel Prozent des kalkulierten Netto-Erlöses 4 dem tatsächlich erzielten kalkulierten Netto-Erlös 1 entspricht. Die einzelnen Berechnungen der Prozentsätze sind in Tab. 3.2 zu sehen.

Tabelle 3.1 zeigt ein Beispiel für eine Zuschlagskalkulation mit Erlösschmälerungen. Wenn alle Kosten des Unternehmens (einschließlich Gewinn, aber ohne Mehrwertsteuer) berücksichtigt werden sollen, muss das Produkt einen Netto-Preis von 235.510,- € besitzen. Deshalb stimmen die Werte von Zeile 13 in Tab. 2.1 und von Zeile 13 in Tab. 3.1 überein. Werden alle Erlösschmälerungen berücksichtigt, dann ergibt sich ein kalkulatorischer Netto-Erlös 4 in Höhe von 308.421,- €. Wie Tab. 3.2 zeigt, ist der kalkulatorische Netto-Erlös 1 (Zeile 13) im Beispiel

E. Hering, *Kalkulation für Ingenieure*, essentials,
DOI 10.1007/978-3-658-05199-0_3, © Springer Fachmedien Wiesbaden 2014

Tab. 3.1 Beispiel für eine erweiterte Zuschlagskalkulation für ein produzierendes Unternehmen. (Eigene Darstellung)

Differenzierte Zuschlagskalkulation eines Fertigungsunternehmens				
1	Material			120.000	
2	Material-Gemeinkosten			6.000	
3	**Materialkosten**			**126.000**	
4	Fertigungslöhne		124	16.740	
5	Fertigungs-Gemeinkosten			34.652	
6	Sonderkosten der Fertigung			5.600	
7	**Fertigungskosten**			**56.992**	
8	**Herstellkosten**			**182.992**	
9	Verwaltungs-Gemeinkosten			9.150	
10	Vertriebs-Gemeinkosten			21.959	
11	**Selbstkosten**			**214.100**	
12	Gewinnzuschlag			21.410	
13	**kalkulatorischer Netto-Erlös 1**			**235.510**	
14	Vertreter-Provision (v% von Zeile 19, vor Skonto)			27.758	
15	**kalkulatorischer Netto-Erlös 2**			**263.268**	
16	Skonto (s% von Zeile 17)			8.142	
17	**kalkulatorischer Netto-Erlös 3**			**271.411**	
18	Rabatt (r% von Zeile 19)			37.011	
19	**kalkulatorischer Netto-Erlös 4**			**308.421**	
20	Sonderkosten Vertrieb			4.300	
21	**kakulatorischer Brutto-Erlös 1**			**312.721**	
22	Mehrwertsteuer (19% von Zeile 21)			59.417	
23	**kalkulatorischer Brutto-Erlös 2**			**372.138**	
	Material-Gemeinkosten		5%		
	Stundensatz Fertigung (€/h)		135		
	Fertigungs-Gemeinkosten		207%		
	Verwaltungs-Gemeink.		5%		
	Vertriebs-Gemeink.		12%		
	Gewinnzuschlag		10%		
	Vertreter-Provision		9%		
	Skonto		3%		
	Rabatt		12%		
	Mehrwertsteuer		19%		
	Prozentsatz t		76,36%		

Tab. 3.2 Vorgehen zur Berechnung des Prozentsatzes t zur Berücksichtigung in der erweiterten Zuschlagskalkulation. (Eigene Darstellung)

Berechnungen	Prozent allgemein	Prozent Beispiel	Absolut Beispiel
Kalkulatorischer Netto-Erlös 4 (Zeile 19)	100 %	100 %	308.421
r % Rabatt (z. B. 12 %) Zeile 18	r %	12 %	37.011
Prozent 1	$p\,\% = (100\,\% - r\,\%)$	88 %	
s % Skonto (in % von Zeile 17; z. B. 3 %:Zeile 16	s %	3 %	
Wirksames Skonto ws vom Netto-Erlös 4	$ws\,\% = s\,\% \times p\,\%$	2.64 %	8.142
Vertreterprovision v % (in % von Zeile 19)	v %	9 %	27.758
Prozentsatz t des kalkulatorischen Nettoerlöses 1	$t\,\% = p\,\% - ws\,\% - v\,\%$	76.36 %	235.510

76,36 % des kalkulatorischen Netto-Erlöses 4. Damit lässt sich nach obiger Formel der kalkulatorische Netto-Erlös 4 bestimmen. Er beträgt:

$$kalkulatorischer\ Netto\text{-}Erl\ddot{o}s\ 4 = 235.510\,\text{€}/76,36\% = 308.421\,\text{€}.$$

Die Rechnung (siehe Tab. 3.1) wird zunächst bis zur Zeile 13 (kalkulatorischer Netto-Erlös 1) gerechnet. Dann wird nach obiger Formel der kalkulatorische Netto-Erlös 4 errechnet (Zeile 19). Anschließend werden rückwärts mit den Werten von Tab. 3.2 die Zeilen 17 (kalkulatorischer Netto-Erlös 3 = ws % x kalkulatorischer Netto-Erlös 4 = 0,264 × 308.421 € = 8.142 €) und Zeile 15 (kalkulatorischer Netto-Erlös 2 = v % x kalkulatorischer Netto-Erlös 4 = 0,09 × 308.421 € = 27.758 €) und vorwärts die Zeilen 20 (Sonderkosten Vertrieb), 21 (kalkulatorischer Brutto-Erlös 1), 22 (Mehrwertsteuer) und 23 (kalkulatorischer Brutto-Erlös 2) errechnet. Eine erweiterte Zuschlagskalkulation für eine Dienstleistung wird entsprechend durchgeführt (Tab. 3.3). Grundlage ist die Zuschlagskalkulation nach Tab. 2.2.

Tab. 3.3 Beispiel für eine erweiterte Zuschlagskalkulation für die Dienstleistung „Konstruktion". (Eigene Darstellung)

Differenzierte Zuschlagskalkulation für die Dienstleistung "Konstruktion"				
1	Material			15.000
2	Material-Gemeinkosten			750
3	**Materialkosten**			**15.750**
4	Konstruktionszeit (16 h)		16	1.520
5	Konstruktions-Gemeinkosten			213
6	Sonderkosten der Konstruktion			5.600
7	**Konstruktionskosten**			**7.333**
8	**Herstellkosten**			**23.083**
9	Verwaltungs-Gemeinkosten			1.154
10	Vertriebs-Gemeinkosten			1.154
11	**Selbstkosten**			**25.391**
12	Gewinnzuschlag			2.539
13	**kalkulatorischer Netto-Erlös 1**			**27.930**
14	Vertreter-Provision (v% von Zeile 19, vor Skonto)			3.210
15	**kalkulatorischer Netto-Erlös 2**			**31.141**
16	Skonto (s% von Zeile 17)			963
17	**kalkulatorischer Netto-Erlös 3**			**32.104**
18	Rabatt (r% von Zeile 19)			3.567
19	**kalkulatorischer Netto-Erlös 4**			**35.671**
20	Sonderkosten Vertrieb			2.300
21	**kakulatorischer Brutto-Erlös 1**			**37.971**
22	Mehrwertsteuer (19% von Zeile 21)			7.214
23	**kalkulatorischer Brutto-Erlös 2**			**45.185**
	Material-Gemeinkosten		5%	
	Stundensatz Konstruktion (€/h)		95	
	Konstruktions-Gemeinkosten		14%	
	Verwaltungs-Gemeink.		5%	
	Vertriebs-Gemeink.		5%	
	Gewinnzuschlag		10%	
	Vertreter-Provision		9%	
	Skonto		3%	
	Rabatt		10%	
	Mehrwertsteuer		19%	
	Prozentsatz t		78,30%	

Maschinenstundensatz-Rechnung 4

Um auszurechnen, was eine Maschinenstunde kostet, wird der Maschinenstundensatz nach folgender Formel berechnet:

Maschinenstundensatz = maschinenabhängige Kosten/Maschinenlaufzeit

Aus dieser Gleichung ist ersichtlich, dass bei langen Maschinenlaufzeiten die Maschinenkosten geringer werden. Deshalb sind viele Unternehmen an möglichst langen Laufzeiten für ihre Maschinen interessiert.

Zunächst wird die *Maschinenlaufzeit* ermittelt und anschließend die *maschinenabhängigen Kosten*.

Die Maschinenlaufzeit ist die *betriebliche Nutzungsdauer*, innerhalb derer die Maschine zur Produktion eingesetzt wird. In Tab. 4.1 ist die betriebliche Nutzungszeit für drei Fräsmaschinen errechnet. Ausgehend von der Anzahl der Wochen eines Jahres und der Arbeitstage pro Woche werden die jährlichen Arbeitstage berechnet. Dies sind im vorliegenden Fall 260 Arbeitstage. Werden davon der Betriebsurlaub und die Feiertage abgezogen, dann ergeben sich die *Soll-Lauftage* der Maschine. Es wird bei allen Maschinen von 218 Soll-Lauftagen ausgegangen. Krankheitstage werden nicht berücksichtigt, weil dann Springer die Produktion an den Maschinen vornehmen müssen.

Entscheidend für die betriebliche Nutzungsdauer und damit für den Maschinenstundensatz ist (neben der Arbeitstage und der täglichen Arbeitszeit) die *Anzahl der Schichten*. Von den ermittelten Soll-Laufstunden werden dann die Rüst- und Wartungszeiten abgezogen. Dann ergibt sich die *betriebliche Nutzungsdauer pro Jahr*. Sie beträgt bei der ersten Fräsmaschine 1.500 h, bei der Fräsmaschine 2 2.500 Studen und 2.000 h bei der Fräsmaschine 3.

Tabelle 4.2 zeigt ein Beispiel für eine Maschinenstundensatzrechnung.

Um die Maschinenstundensätze auszurechnen, werden nach Tab. 4.2 folgende Daten ermittelt:

E. Hering, *Kalkulation für Ingenieure*, essentials,
DOI 10.1007/978-3-658-05199-0_4, © Springer Fachmedien Wiesbaden 2014

Tab. 4.1 Betriebliche Nutzungsdauer für drei Fräsmaschinen. (Eigene Darstellung)
Bestimmung der Maschinenlaufzeit (in Stunden/Jahr)

	Fräsmaschine 1	Fräsmaschine 2	Fräsmaschine 3
Anzahl Wochen im Jahr	52	52	52
Arbeitstage je Woche	5	5	5
Arbeitstage	260	260	260
Betriebsurlaub	30	30	30
Feiertage	12	12	12
Lauftage	218	218	218
Schichten je Tag	1	2	1.5
Soll-Lauftage	218	436	327
Stunden je Tag	7,5	7,5	7,5
Soll-Laufstunden	1.635	3.270	2.453
Rüstzeit h/Jahr	100	700	375
Wartungszeit h/Jahr	35	70	78
Betriebliche Nutzungs-dauer (h/Jahr)	1.500	2.500	2.000

► *Grunddaten der Maschine*

Dazu gehören alle maschinenbezogenen Daten, die in die Rechnung mit eingehen:

- Anschaffungswert und Preisindex (zur Bestimmung des Wiederbeschaffungs-wertes);
- Betriebliche Nutzungsdauer (nach Tab. 4.1);
- Raumbedarf in m^2 (zur Berechnung der Platzkosten);
- elektrischer Anschlusswert (zur Berechnung der Stromkosten);
- Hilfs- und Betriebsstoffe;
- Instandhaltung und
- Werkzeugkosten.

► *Daten zur Berechnung*

Dazu zählen:

- Kalkulationszinssatz (zur Berechnung der kalkulatorischen Zinsen);
- Platzkosten und
- Stromkosten.

Tab. 4.2 Beispiel für eine Maschinenstundensatzrechnung für drei Fräsmaschinen. (Eigene Darstellung)

Maschinenstundensatz-Rechnung

	Grunddaten der Maschine	Einheit	Formel	Maschine 1	Maschine 2	Maschine 3
1	Anschaffungswert	€		280.000,00	420.000,00	350.000,00
2	Preisindex	(1+%)		1,2	1,3	1,4
3	Betriebliche Nutzungsdauer	Jahre		8	12	10
4	Betriebliche Nutzungszeit	h/Jahr		1.500	2.500	2.000
5	Raumbedarf	qm		5	5	5
6	Elektrischer Anschlußwert	kW		3	7	5
7	Hilfs- und Betriebsstoffe	€/Monat		300	200	300
8	Instandhaltung	%/Jahr		5,50%	3,20%	5,00%
9	Werkzeugkosten	€/Monat		200,00	200,00	200,00
	Daten zur Berechnung					
10	Kalkulationssatz p	%		8,00%	8,00%	8,00%
11	Platzkosten	€/(qmxJahr)		22	22	22
12	Stromkosten	€/kWh		0,175	0,175	0,175
	Fixe Maschinenkosten					
13	Kalkulatorische Abschreibung	€/h	(1)x(2)/((3)x(4))	28,00	18,20	24,50
14	Kalkulatorische Zinsen	€/h	0,5x(1)x(10)/((3)x(4))	0,93	0,56	0,70
15	Raumkosten	€/h	(5)x(11)/(4)	0,07	0,04	0,06
	Maschinenstundensatz fix			**29,01**	**18,80**	**25,26**
	Variable Maschinenkosten					
16	Fertigungslöhne	€/h		45,00	45,00	45,00
17	Betriebskosten	€/h	12x(7)/(4)	2,40	0,96	1,80
18	Werkzeugkosten	€/h	12x(9)/(4)	1,60	0,96	1,20
19	Instandhaltung	€/h	(1)x(2)x(8)/(4)	12,32	6,99	12,25
20	Stromkosten	€/h	0,33x(6)x(12)	0,17	0,40	0,29
	Maschinenstundensatz variabel			**61,49**	**54,31**	**60,54**
	Maschinenstundensatz gesamt			**90,50**	**73,12**	**85,79**

▶ *Fixer Maschinenstundensatz*

Er berechnet sich aus folgenden Daten (die Berechnung ist in Tab. 4.2 in Spalte 2 angegeben):

- kalkulatorische Abschreibung,
- kalkulatorische Zinsen und
- Raumkosten.

▶ *Variabler Maschinenstundensatz*

Zu den variablen Maschinenkosten zählen (die Berechnung ist in Tab. 4.2 in Spalte 2 angegeben):

- Fertigungslöhne,
- Betriebskosten,
- Werkzeugkosten,
- Instandhaltung und
- Stromkosten.

In Tab. 4.2 ist eine Maschinenstundensatzrechnung für drei Fräsmaschinen zusammengestellt. Obwohl die Fräsmaschine 2 in der Anschaffung mit 420.000,- € am teuersten ist, liegt der Maschinenstundensatz mit 73,12 €/h am niedrigsten. Dies hängt vor allem mit den längeren Laufzeiten der Maschine (im Zwei-Schichtbetrieb) zusammen.

Kalkulation mit Deckungsbeiträgen 5

Deckungsbeiträge dienen dazu, die fixen Kosten zu decken (s. ausführliche Darstellung im Springer Essential „Deckungsbeitragsrechnung für Ingenieure"). In der Kalkulation werden aus diesen erforderlichen Deckungsbeiträgen die zu fordernden Marktpreise errechnet. Die entsprechenden Zahlen werden aus der Kostenrechnung übernommen, wobei die fixen von den variablen Kosten getrennt erfasst sein müssen. Im Folgenden werden zwei Möglichkeiten vorgestellt: Eine Kalkulation bei *fehlendem preislichen Spielraum* und eine Kalkulation bei *vorhandenem preislichen Spielraum*.

5.1 Kalkulation bei fehlendem preislichen Spielraum

Werden die Preise durch den *Markt vorgegeben*, dann ist für das Unternehmen *kein preislicher Spielraum* vorhanden, um die Kosten des Unternehmens durch entsprechende Preise decken zu können. Dies ist beispielsweise bei verschärftem Wettbewerb der Fall oder wenn für bestimmte Käufe beim Kunden genau festgelegte Beträge (Budgets) bereitgestellt werden.

Bei fehlendem preislichen Spielraum muss der Marktpreis vom Unternehmen akzeptiert werden. Wie Abb. 5.1 zeigt, werden vom Marktpreis die Erlösschmälerungen, die variablen Kosten und die Fixkosten abgezogen. Dann bleibt ein Deckungsbeitrag übrig, der zur Deckung der restlichen Fixkosten des Unternehmens dient.

In Tab. 5.1 wird die Kalkulation für ein Fertigungsunternehmen durchgeführt. Grundlage ist die *Zuschlagskalkulation* nach dem Schema in Abb. 2.1. Bei der Zuschlagskalkulation wird folgendermaßen vorgegangen: Zunächst werden die *Materialkosten* ermittelt (als Summe aus Materialkosten und Material-Gemeinkosten), dann die *Fertigungskosten* (Fertigunglöhne + Sonderkosten der Fertigung + Ferti-

E. Hering, *Kalkulation für Ingenieure*, essentials,
DOI 10.1007/978-3-658-05199-0_5, © Springer Fachmedien Wiesbaden 2014

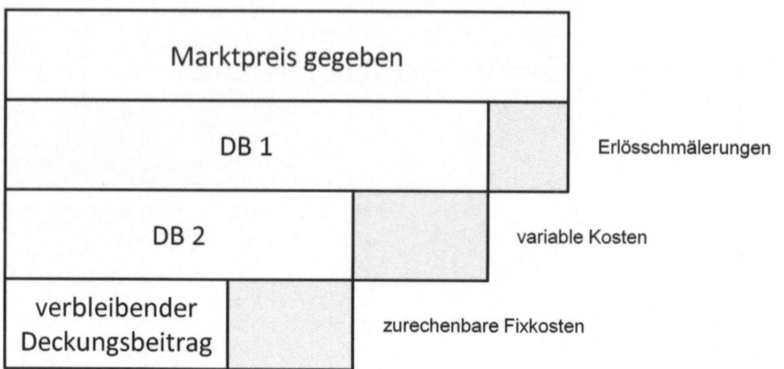

Abb. 5.1 Kalkulationsschema bei fehlendem preislichen Spielraum. (Eigene Darstellung)

gungsgemeinkosten). Die Summe aus den Material- und Fertigungskosten ergeben die *Herstellkosten* des Produktes. Zu den Herstellkosten werden die Vertriebs- und Verwaltungs-Gemeinkosten addiert. Diese Summe sind die *Selbstkosten* eines Produktes. Mit einem Gewinnaufschlag errechnet sich der *kalkulatorische Nettoerlös* und um die Mehrwertsteuer ergänzt der *Bruttoerlös* eines Produktes.

Wie Tab. 5.1 zeigt, wird nach Abzug der Erlösschmälerungen (Rabatt und Skonto), der variablen Kosten im Material- und Fertigungs- sowie im Vertriebsbereich und der zurechenbaren Fixkosten ein verbleibender Deckungsbeitrag in Höhe von 53.896 € errechnet. Er dient dazu, die restlichen Fixkosten des Unternehmens zu decken.

Mit dieser Rechnung kann auch die *Preisuntergrenze* ermittelt werden, bei der gerade noch die anteiligen Fixkosten für das Produkt gedeckt werden. Für die Preisuntergrenze ist der verbleibende *Deckungsbeitrag gleich Null*, weil keine Deckungsbeiträge für die restlichen Fixkosten des Unternehmens zur Verfügung stehen. Das bedeutet, dass alle vom Produkt verursachten Kosten gedeckt sind, so dass beim Verkauf keine direkten Verluste entstehen. Wie Tab. 5.2 zeigt, ist dies bei einem Brutto-Erlös von 262.846 € der Fall. Da der aktuelle Marktpreis in Höhe von 340.000,- € um 77.154,- € höher liegt als diese Preisuntergrenze, ist der Verkauf zu diesem Preis in jedem Fall zu empfehlen.

Aus dem Vergleich der Tab. 5.1 mit Tab. 5.2 ist ebenfalls ersichtlich, dass die Preisuntergrenze nicht so gebildet werden kann, dass von dem ursprünglichen Preis (340.000 €) der verbleibende Deckungsbeitrag (53.896 €) abgezogen wird. Vielmehr ist eine Preisreduzierung um 77.154 € möglich. Dies rührt daher, dass bei

Tab. 5.1 Kalkulation mit Deckungsbeiträgen für ein Fertigungsunternehmen bei fehlendem preislichen Spielraum. (Eigene Darstellung)

Kalkulation mit Deckungsbeiträgen bei fehlendem preislichen Spielraum für ein Fertigungsunternehmen

1	Brutto-Erlös 1			340.000	Material-Gemeinkosten		5%
2	Rabatt			40.800	Stundensatz Fertigung (€/h)		135
3	Skonto			5.984	Fertigungs-Gemeinkosten		185%
					Skonto		2%
4	Brutto-Erlös 2			293.216	Rabatt		12%
5	Umsatzsteuer			55.711	Umsatzsteuer		19%
6	Netto-Erlös			237.505			
7	Material			120.000			
8	Fertigungslöhne (124 h)		124	16.740			
9	Sonderkosten der Fertigung			5.600			
10	Sonderkosten Vertrieb			4.300			
11	Summe variabler Kosten			146.640			
12	Deckungsbeitrag 1			90.865			
13	Materialgemeinkosten			6.000			
14	Fertigungsgemeinkosten			30.969			
15	Summe zurechenbarer Fixkosten			36.969			
16	Verbleibender Deckungsbeitrag			53.896			

Tab. 5.2 Kalkulation mit Deckungsbeiträgen zur Ermittlung der Preisuntergrenze für ein Fertigungsunternehmen bei fehlendem preislichen Spielraum. (Eigene Darstellung)

Kalkulation mit Deckungsbeiträgen bei fehlendem preislichen Spielraum für ein Fertigungsunternehmen zur Ermittlung der Preisuntergrenze

1	Brutto-Erlös 1			262.846	Material-Gemeinkosten		5%
2	Rabatt			31.542	Stundensatz Fertigung (€/h)		135
3	Skonto			4.626	Fertigungs-Gemeinkosten		185%
					Skonto		2%
4	Brutto-Erlös 2			226.678	Rabatt		12%
5	Umsatzsteuer			43.069	Umsatzsteuer		19%
6	Netto-Erlös			183.609			
7	Material			120.000			
8	Fertigungslöhne (124 h)		124	16.740			
9	Sonderkosten der Fertigung			5.600			
10	Sonderkosten Vertrieb			4.300			
11	Summe variabler Kosten			146.640			
12	Deckungsbeitrag 1			36.969			
13	Materialgemeinkosten			6.000			
14	Fertigungsgemeinkosten			30.969			
15	Summe zurechenbarer Fixkosten			36.969			
16	Verbleibender Deckungsbeitrag			0			

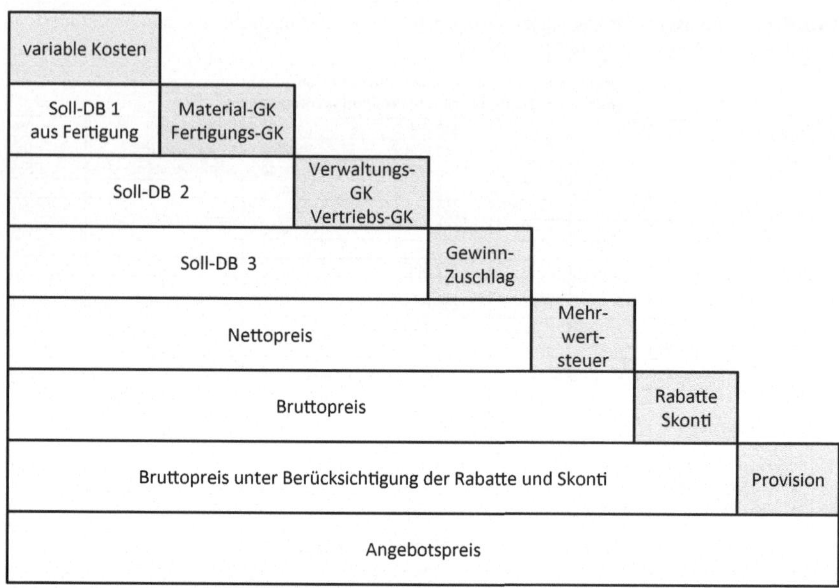

Abb. 5.2 Schema der Deckungsbeitragskalkulation bei vorhandenem preislichen Spielraum. (Eigene Darstellung)

geringeren Verkaufspreisen auch die Erlösschmälerungen wie Rabatte und Skonti sowie die Mehrwertsteuer geringer werden.

5.2 Kalkulation bei vorhandenem preslichen Spielraum

Bei vorhandenem Preisspielraum ist es möglich, die internen Kosten des Unternehmens vollständig zu verrechnen und somit in der Kalkulation zu berücksichtigen. Der so errechnete *Marktpreis* wird vom *Kunden bezahlt*. Das Schema zeigt Abb. 5.2. Zunächst werden die variablen Kosten ermittelt und anschließend die fixen Kosten. Beides zusammen ergibt den *Soll-Deckungsbeitrag*. Das ist der Deckungsbeitrag, der in das Unternehmen fließen muss, wenn die Fixkosten gedeckt werden sollen. Zu diesem Soll-Deckungsbeitrag müssen jetzt die Mehrwertsteuer, der Rabatt und das Skonto berücksichtigt werden, um den *Angebotspreis* (ohne Provision) zu erhalten. In Tab. 5.3 sind die Faktoren zur Kalkuation an einem Beispiel zusammengestellt.

Tab. 5.3 Faktoren zur Kalkulation bei vorhandenem Preisspielraum. (Eigene Darstellung)

	Zu berechnende Größen	Prozent	Beispiel €	Formel
1	Soll-Deckungsbeitrag (SDB)		100,00	
2	Mehrwertsteuer (m=0,19)	19	19,00	SDB×m
3	Rabatt (r=0,10)	10	11,90	SDB×(1+m)×r
4	Skonto (s=0,02)	2	2,142	SDB×(1+m)×(1−r)×s
5	Angebotspreis A		133,04	5=1+2−3−4
6	Provision (*p*=0,09)	9	146,20	A/(1−p)

In Tab. 5.4 ist die Berechnung für das Fertigungsunternehmen (analog der Zuschlagskalkulation nach Abb. 2.1) durchgeführt. Zuerst werden die variablen Kosten des Materials und der Fertigung zusammengestellt. Die Kalkulation wird dabei in drei Stufen für den Deckungsbeitrag durchgeführt:

- *Soll-Deckungsbeitrag 1*
  Er deckt die zurechenbaren fixen Kosten aus dem Material- und Fertigungsbereich.
- *Soll-Deckungsbeitrag 2*
  Mit ihm werden die zurechenbaren fixen Kosten im Bereich der Verwaltung und des Vertriebs.
- *Soll-Deckungsbeitrag 3*
  Dieser berücksichtigt die Soll-Deckungsbeiträge 1 und 2 sowie einen zusätzlichen Gewinnzuschlag.

Nach Abb. 5.2 werden dann entsprechend Tab. 5.3 die Beträge für die Mehrwertsteuer, die Rabatte und Skonti sowie für die Provisionen hinzuaddiert, so dass sich ein Mindest-Angebotspreis mit Provision von 347.030 € ergibt (Tab. 5.4).

5.3 Kalkulation mit Soll-Deckungsbeitrags-Faktoren

Ziel dieser Kalkulation ist es, den *Materialpreis* mit einem *Faktor* zu multiplizieren, damit der gewünschte *Endpreis* entsteht. Die Faktoren werden dabei nach folgender Formel berechnet:

$$Faktor = \frac{1}{(1 - Fixkosten/U)}.$$

Tab. 5.4 Kalkulation mit Deckungsbeiträgen zur Ermittlung der Preisuntergrenze für ein Fertigungsunternehmen bei vorhandenem preislichen Spielraum. (Eigene Darstellung)

Kalkulation mit Deckungsbeiträgen bei vorhandenem Preisspielraum für ein Fertigungsunternehmen

1	Material				120.000
2	Fertigungslöhne (h)			124	16.740
3	Sonderkosten der Fertigung				5.600
4	Sonderkosten Vertrieb				4.300
5	Summe variabler Kosten				146.640
6	Materialgemeinkosten				6.000
7	Fertigungsgemeinkosten				30.969
8	Soll-Deckungsbeitrag 1 aus Fertigung				36.969
9	Verwaltungsgemeinkosten				9.180
10	Vertriebsgemeinkosten				22.033
11	Soll-Deckungsbeitrag für Verwaltung und Vertrieb				31.214
12	Soll-Deckungsbeitrag 2				68.183
13	Gewinnzuschlag				21.482
14	Soll-Deckungsbeitrag 3				89.665
15	Summe variable Kosten und Soll-DB 3				236.305
16	Mehrwertsteuer				44.898
17	Brutto-Erlös 1				281.203
18	Rabatt				28.357
19	Skonto				6.238
20	Summe Erlösschmälerungen				34.595
21	Angebotspreis ohne Provision				315.798
22	Mindest-Angebotspreis mit Provision				347.030
	Materialgemeinkosten	5%			
	Stundensatz Fertigung (€/h)	135			
	Fertigungsgemeinkosten	185%			
	Verwaltungsgemeinkosten	5%			
	Vertriebsgemeinkosten	12%			
	Gewinnzuschlag	10%			
	Skonto	3%			
	Rabatt	12%			
	Umsatz-Steuer	19%			
	Provision	9%			

Tab. 5.5 Kalkulation mit Soll-Deckungsbeitragsfaktoren für das Beispiel einer Fräsmaschine. (Eigene Darstellung)

Kalkulation mit Soll-DB-Faktoren

1	Netto-Umsatz Fräsmaschinen	3.390.000		Wareneinsatz		780.000
2	Zurechenbare Fixkosten FK 1	659.312		Mindest- Netto-Umsatz 1		968.327
3	FK 1/Umsatz	19,45%		Mehrwertsteuer		183.982
				Mindest-Brutto-Umsatz 1		1.152.310
				Faktor 1		1,24
				Wareneinsatz		780.000
4	Anteilige Fixkosten FK 2	285.600		Mindest-Netto-Umsatz 2		1.081.433
	(30%*weitere Kosten)			Mehrwertsteuer		205.472
5	FK 2/Umsatz	8,42%		Mindest-Brutto-Umsatz 2		1.286.906
6	Summe FK 1 und FK 2	944.912		Faktor 2		1,39
7	(FK 1 + FK 2)/Umsatz	27,87%				
				Wareneinsatz		780.000
8	Gewinnzuschlag G/U (% v. Umsatz)	8,00%		Mindest-Netto-Umsatz 3		1.216.346
				Mehrwertsteuer		231.106
9	(FK 1 + FK 2)/Umsatz + G/U	35,87%		Mindest-Brutto-Umsatz 3		1.447.452
				Faktor 3		1.56

	Umsatz-Anteil	30%
	Gewinnzuschlag	8%
	Mehrwertsteuer	19%

Auch hier werden, wie Tab. 5.5 am Beispiel des Verkaufs von Fräsmaschinen zeigt, drei Faktoren für die Berücksichtigung unterschiedlicher Fixkosten (FK) errechnet:

- *Berücksichtigung der zurechenbaren Fixkosten FK 1*
  Hier werden die direkt zurechenbaren Fixkosten berücksichtigt. Im vorliegenden Fall sind dies 19,45 % vom Umsatz.
- *Berücksichtigung der Restfixkosten FK 2 als Anteil am Umsatz*
  Da der Bereich Fräsmaschinen 30 % des Gesamtumsatzes des Bereiches beträgt, werden 30 % der Restfixkosten verrechnet. Sie werden zu den direkt zurechenbaren Fixkosten addiert. Im Beispiel sind dies 27,87 % vom Umsatz.
- *Berücksichigung eines Gewinnbeitrags G/U*
  Zusätzlich zu den Fixkosten und den anteiligen Fixkosten soll noch ein Gewinnbeitrag erwirtschaftet werden. Er beträgt für das Beispiel 8 %. Dann ergibt sich insgesamt ein Soll-DB/U von 35,87 %.

Nach der obigen Formel werden die entsprechenden Faktoren errechnet, mit denen der Wareneinsatz multipliziert werden muss, um denjenigen Angebotspreis zu errechnen, der die gewünschten Fixkosten deckt.

In Tab. 5.5 wird diese Kalkulationsmethode am Beipiel einer Fräsmaschine mit einem Materialeinsatz von 780.000,- € durchgerechnet. Es ist deutlich zu sehen, wie *unterschiedlich* die *Brutto-Preise* sind. Je nachdem, welche Fixkosten verrechnet werden, schwanken die Mindest-Brutto-Umsätze von 1.152.310 € (nur Verrechnung der zurechenbaren Fixkosten FK 1) über 1.286.906 € bei zusätzlicher Berücksichtigung der zurechenbaren fixen Kosten in der Verwaltung und im Vertrieb (FK 2) bis zu 1.447.452 € bei Zurechnung eines Gewinnaufschlags von 8 %. Mit einer solchen Rechnung können verschiedene Preisuntergrenzen definiert werden. Bei Preisverhandlungen kann man den gerade noch vertretbaren Preis bestimmen. Er bestimmt, bis zu welchem Grad der Umsatz die Fixkosten decken wird.

Kalkulation mit Prozesskosten 6

Organisationen, die vorwiegend funktionsorientiert arbeiten, haben schwere Nachteile: starres Denken in den Funktionsbereichen, Kommunikationsbarrieren zwischen den Abteilungen und die fehlende Flexibilität gegenüber wechselnden Kundenforderungen führen zu gravierenden Wettbewerbsnachteilen. Um Kundenanforderungen besser als die Wettbewerber erfüllen zu können, muss man abteilungsübergreifend nicht die Teilabläufe, sondern den *ganzen Prozess optimieren*. Unter einem Prozess versteht man dabei alle Tätigkeiten, die den *Wert für den Kunden* erhöhen. Das bedeutet, dass alle Tätigkeiten vermieden werden sollten, die nicht zur Wertsteigerung des Produktes oder der Dienstleistung beitragen. Im Folgenden wird gezeigt, wie die Erfassung und Verrechnung der Kosten in den Prozessen erfolgen kann.

6.1 Wesen und Aufgabe der Prozesskostenrechnung

Während die direkten (variablen) Kosten den Produkten direkt zugeordnet werden können, bietet die *Prozesskostenrechnung* die Möglichkeit, die *Gemeinkosten* verursachungsgerechter zuzuordnen. Dadurch wird es möglich, die *Gemeinkosten* der *indirekten Bereiche* besser zu planen und zu steuern sowie eine *verursachungsgerechtere* Verrechnung auf die Kostenträger sicherzustellen. In den letzten 30 Jahren sind die Gemeinkosten, d. h. die allgemeinen, administrativen Tätigkeiten, die keinem Produkt direkt zuordenbar sind, von 30 % auf über 60 % angestiegen. Die übliche Verrechnung im Rahmen von *Zuschlagsätzen* (Abb. 2.1) als Material-, Fertigungs-, Verwaltungs- und Vertriebs-Gemeinkostenzuschlagsätze führen zu falschen Ergebnissen, weil die Gemeinkosten der indirekten Leistungsbereiche nicht verursachungsgerecht zuzuordnen sind. Bei der Prozesskostenrechnung steht der *Prozess*, d. h. die Tätigkeiten zur *Erfüllung eines Kundenwunsches* als kostenbestimmende Faktoren der Gemeinkosten im Vordergrund. Nach diesem Verständnis verursacht ein Kundenwunsch in einem

E. Hering, *Kalkulation für Ingenieure*, essentials,
DOI 10.1007/978-3-658-05199-0_6, © Springer Fachmedien Wiesbaden 2014

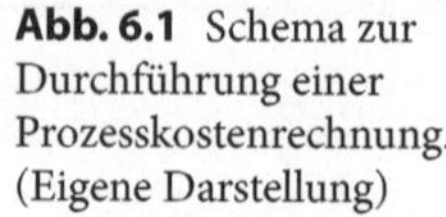

Abb. 6.1 Schema zur
Durchführung einer
Prozesskostenrechnung.
(Eigene Darstellung)

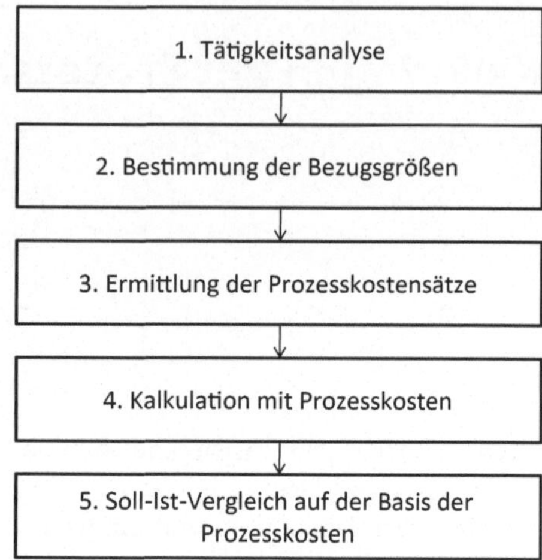

Unternehmen eine *Folge von Aktivitäten,* die in den einzelnen Funktionsbereichen (von der Entwicklung bis zum Vertrieb) stattfinden und Kosten verursachen.

Bevor eine Prozesskostenrechnung durchgeführt wird, müssen folgende Voraussetzungen erfüllt sein:

- Festlegen der Stellen mit großen Gemeinkostenanteilen,
- Bilden eines Teams aus allen Funktionsbereichen und
- rechtzeitige Information aller Beteiligten und Betroffenen.

6.2   Vorgehen bei der Durchführung der Prozesskostenrechnung

Die Prozesskostenrechnung wird in folgenden Schritten durchgeführt (Abb. 6.1) und an einem praktischen Beispiel (Tab. 6.1) erläutert:

1. Schritt: Tätigkeitsanalyse
Alle Tätigkeiten, die Gemeinkosten verursachen, werden analysiert. Dabei kann man, falls bereits erfolgt, auf die Ergebnisse einer *Funktionsanalyse* zurückgreifen, die bei einer *Wertanalyse* durchgeführt wurde. Die einzelnen Tätigkeiten sind in folgende zwei Kategorien zu unterteilen:

- *abhängig* von der Leistungserbringung,
- *unabhängig* von der Leistungserbringung (leistungsmengenneutral).

Tab. 6.1 Prozesskostenrechnung im Vergleich zur Zuschlagskalkulation. (Eigene Darstellung)

Herkömmliche Kalkulation (Kostenträgerstückrechnung)

Artikel	Kunststofftank	Gehäuse	Stuhl
Stückzahl	5.000	15.000	800
Lose pro Jahr	10	15	2
Material	18,00	12,00	8,00
Qualitätssicherung	12,00	10,00	2,00
Materialkosten	30,00	22,00	10,00
Maschinenstunden	0,04	0,05	0,02
Maschinenstundensatz	1.700,00	1.700,00	1.700,00
Maschinenkosten	68,00	85,00	34,00
Wartung/Instandhaltung	10,00	18,00	4,00
sonst. Fertigungsgemeinkosten	12,00	18,00	10,00
Fertigungskosten	90,00	121,00	48,00
Herstellkosten	120,00	143,00	58,00
Verwaltungskosten (25%)	30,00	35,75	14,50
Vertriebskosten (18%)	21,60	25,74	10,44
Selbstkosten	171,60	204,49	82,94

Prozesskostensätze

Gemeinkosten	Gesamtkosten	Kostenfaktor	Bezugsgröße	Prozesskostensatz
Qualitätssicherung	240.000,00	Anzahl Lose	27	8.888,89
Maschinenkosten Produktion	640.000,00	Produktionszeit (h)	1.238	516,96
Maschinenkosten Rüsten	110.000,00	Rüstzeit (h)	412	266,99
Verwaltung	510.000,00	80% fix	Herstellkosten	18% Herstellkosten-Zuschlag
		20% Anzahl Produkte	3	34.000,00
Vertrieb	390.500,00	60% fix	Herstellkosten	13 % Herstellkosten-Zuschlag
		40% Anzahl Produkte	3	52.066,67

Prozesskostenrechnung

Artikel	Kunststofftank	Gehäuse	Stuhl
Stückzahl	5.000	15.000	800
Lose pro Jahr	10	15	2
Material	18,00	12,00	8,00
Qualitätssicherung	17,78	8,89	22,22
Materialkosten	35,78	20,89	30,22
Maschinenstunden prod.	0,03	0,04	0,02
Maschinenkosten	51,02	63,78	25,51
Rüstzeit (h pro Los)	25	10	6
Rüstkosten pro Stück	13,35	2,67	4,00
Wartung/Instandhaltung	10,00	18,00	4,00
sonst. Fertigungsgemeinkosten	12,00	18,00	10,00
Fertigungskosten	111,40	112,48	49,53
Herstellkosten	147,18	133,37	79,75
Verwaltungskosten fix	26,49	24,01	14,36
Verwaltungskosten Produkt	6,80	2,27	42,50
Vertrieb fix	19,13	17,34	10,37
Vertrieb Produkt	10,41	3,47	65,08
Selbstkosten	210,02	180,46	212,06

Es ist sinnvoll, einen konkreten Kundenauftrag zu verfolgen und die Tätigkeiten und die Zeiten hierfür zu erfassen. Für jede Einzeltätigkeiten ist der benötigte Zeitbedarf (absolut und in % der Gesamtzeit) anzugeben. Diese beiden Zeitangaben ermöglichen zweierlei: Zum einen können aktuelle auftragsbezogene Prozesse *erfasst* und *verbessert* werden und zum anderen die gesamten Tätigkeiten eines Bereiches auf ihre *Notwendigkeit* hin untersucht werden (Konzentration auf *wertschöpfende Prozesse*). In der Praxis hat sich folgende Vorgehensweise bewährt:

- Analyse der Dokumente,
- Aufschreiben der Bearbeitungszeiten durch die Mitarbeiter selbst,
- Interviews mit standardisierten Fragebögen.

Es ist zu empfehlen, diese Untersuchung bestriebsintern durchzuführen, d. h. ohne externe Berater. Dadurch werden nicht nur Kosten gespart. Vor allem ist es wichtig, dass die betreffenden Mitarbeiter ein Gefühl für den Wert ihrer Tätigkeiten im Hinblick auf den Kundenwunsch bekommen. Dies erzeugt bei den betroffenen Mitarbeitern eine Sensibilisierung für die Effektivität und die Effizienz der einzelnen Aktionen.

2. Schritt: Bestimmung der Bezugsgrößen (cost driver)
Im vorliegenden Beispiel in Tab. 6.1 wird ein kunstoffverarbeitendes Unternehmen gewählt, das folgende drei Produktgruppen herstellt:

- Kunststofftanks für Haushalt, Industrie und Automobile (5.000 Stück in 10 Losen),
- Gehäuse für Motorkapselungen (15.000 Stück in 15 Losen) und
- Stühle (800 Stück in 2 Losen).

Tabelle 6.1 besteht aus drei Teilen: Im oberen Teil werden die Selbstkosten mit einer herkömmlichen Zuschlagskalkulation ermittelt (Abschn. 2). Im unteren Bereich wird die Prozesskostenrechnung vorgenommen und im mittleren Teil werden die Prozesskostensätze für die wichtigen Gemeinkosten errechnet. Als hauptsächliche Gemeinkostenverursacher (cost driver) und ihre Bezugsgrößen wurden festgestellt (Tab. 6.1 mittlerer Teil):

- Qualitätssicherung mit Anzahl Losen;
- Maschinenkosten, aufgeteilt in Produktions- und Rüstzeit;
- Verwaltung, aufgeteilt nach fixen und produktabhängigen Kosten und
- Vertrieb, aufgeteilt nach fixen und produktabhängigen Kosten.

3. *Schritt: Ermittlung der Prozesskostensätze*
Mit den Daten für die Kosten und die Bezugsgrößen errechnen sich nach Tab. 6.1 (mittlerer Teil) folgende *Prozesskostensätze*:

- Qualitätssicherung: 8.888,89 €/Los;
- produktiver Maschinenstundensatz: 516,96 €/h;
- Rüstkostensatz: 266,99 €/h;
- Verwaltungssatz fix: 18 % der Herstellkosten;
- Verwaltungssatz (Herstellkostenzuschlag) variabel: 34.000,- €/Produktgruppe;
- Vertriebssatz fix: 13 % auf die Herstellkosten;
- Vertriebssatz (Herstellkostenzuschlag) variabel: 52.066,67 €/Produktgruppe.

4. *Schritt: Kalkulation mit Prozesskosten*
Mit den Prozesskostensätzen kann eine stückbezogene Kalkulation durchgeführt werden, wie Tab. 6.1 (unterer Teil) zeigt. Dabei müssen die Bezugsgrößen auf die Stückzahl umgerechnet werden.

5. *Schritt Soll-Ist-Vergleich auf der Basis von Prozesskosten*
In Tab. 6.1 ist eine herkömmliche Kostenträgerstückrechnung mit Zuschlagssätzen (oberer Teil) und eine Prozesskostenrechnung (unterer Teil) zu sehen. Es ist zu erkennen, dass die Stückpreise völlig unterschiedlich sind. Es ist erkennbar, dass es große Unterschiede in den Stückkosten gibt. Das Gehäuse ist um 24,03 €/Stück billiger geworden. Verteuert haben sich vor allem die Stühle um 129,12 €/Stück von 82,94 €/Stück auf 212,06 €/Stück. Es ist dabei allerdings zu prüfen, ob die hohen Verwaltungs- und Vertriebskosten pro Stück nach Tab. 6.1 in dieser Höhe realistisch sind.

Generell führt die Prozesskostenrechnung zu anderen Ergebnissen als die herkömmliche Zuschlagskalkulation, wenn ein Unternehmen folgende Strukturen aufweist:

- Hoher Anteil an Kosten für Entwicklung, Konstruktion und Projektierung;
- hoher Anteil an Verwaltungs- und Vertriebsaufwand;
- Produkte unterschiedlicher Losgrößen;
- Produkte unterschiedlicher Fertigungstiefe;
- Sortimentsmischung zwischen Sonderanfertigungen und Standardprodukten;
- hoher Automatisierungsgrad der Fertigung (hohe Fertigungsgemeinkosten);
- hohe Anteile an Rüst-, Wartungs- und Instandhaltungszeiten.

Am Beispiel einer Dienstleistung (z. B. einer Labortätigkeit), die hohe Gemeinkostenanteile aufweist, wird dies besonders deutlich. Tabelle 6.2 zeigt eine Zuschlags-

Tab. 6.2 Prozesskostenrechnung im Vergleich zur Zuschlagskalkulation für die Dienstleistung eines chemischen Labors. (Eigene Darstellung)

Herkömmliche Kalkulation (Kostenträgerstückrechnung)

Analyse	Industrie	Städte	Privatkunden
Stückzahl	870	600	350
Chargen pro Jahr	29	6	70
Material	18,00	12,00	8,00
Qualitätssicherung	12,00	10,00	2,00
Materialkosten	30,00	22,00	10,00
Analysestunden	0,04	0,05	0,02
Gerätestundensatz	250,00	250,00	250,00
Dienstleistungskosten	250,04	250,05	250,02
Herstellkosten	**280,04**	**272,05**	**260,02**
Verw. und Vertriebskosten (16%)	70,01	68,01	65,01
Selbstkosten	**350,05**	**340,06**	**325,03**

Ermittlung der Prozesskostensätze

Gemeinkosten	Gesamtkosten	Kostenfaktor	Bezugsgröße	Prozesskostensatz
Qualitätssicherung	36.000,00	Anzahl Chargen	105	342,86
Gerätekosten Analyse	640.000,00	Analysezeit (h)	2.000	320,00
Rüstkosten	110.000,00	Rüstzeit (h)	412	266,99
Verwaltung und Vertrieb	1.702.570,00	80% fix	Herstellkosten	16% Herstellkosten-Zuschlag
		20% Anzahl Analysen	105	3.242,99

Prozesskostenrechnung

Analysen	Industrie	Städte	Privatkunden
Stückzahl	870	600	350
Chargen pro Jahr	29	6	70
Material	18,00	12,00	8,00
Qualitätssicherung	11,43	3,43	68,57
Materialkosten	29,43	15,43	76,57
Analysestunden prod.	0,03	0,04	0,02
Gerätekosten	8,29	10,36	4,15
Rüstzeit (h pro Charge)	25	10	6
Rüstkosten pro Analyse	222,49	26,70	320,39
Wartung/Instandhaltung	10,00	18,00	4,00
sonst. Analysesgemeinkosten	12,00	18,00	10,00
Analysekosten	277,82	83,11	344,55
Herstellkosten	**307,25**	**98,53**	**421,12**
Verw.- und Vertr.kosten fix	49,16	17,74	75,80
Verw.- und Vertr.kosten Analyse	3,73	5,40	9,27
Selbstkosten	**360,13**	**121,67**	**506,19**

Tab. 6.3 Abweichungen der Stückkosten bei der Zuschlagskalkulation im Vergleich zur Prozesskostenrechnung für die Dienstleistung eines chemischen Labors. (Eigene Darstellung)

Vergleich der Stückkosten: Zuschlagskalkulation und Prozesskostenrechnung			
Stückkosten in €/Stck	Industrie	Städte	Privatkunden
Herstellkosten (Zuschlagskalkulation)	280,00	272,05	260,02
Herstellkosten (Prozesskosten)	307,25	98,53	421,12
Differenz (Prozesskosten - Zuschlagskalkulation)	27,25	− 173,52	161,10
Selbstkosten (Zuschlagskalkulation)	350,05	340,06	325,03
Selbstkosten (Prozesskosten)	360,13	121,67	506,19
Differenz (Prozesskosten - Zuschlagskalkulation)	10,08	− 218,39	181,16

kalkulation und eine Prozesskostenrechnung für ein chemisches Laboratorium mit den Kunden: Industrie, Städte und Privatkunden. Um die Tätigkeiten zu erheben und in den Prozess einzuordnen, wird zunächst der *Hauptprozess* (z. B. Qualitätssicherung) und anschließend der *Teilprozess* (z. B. Gerätekosten-Analyse und Rüstkosten) erfasst.

Die Unterschiede in den Analysenkosten pro Probe für die drei Kundengruppen unterscheiden sind gravierend (Tab. 6.3). Während die Kalkulationssätze für die Industrie annähernd dieselben sind, sind die Prozesskostensätze für die Proben aus der Industrie 218,39 €/Probe geringer und die Prozesskosten für die Proben der Privatkunden um 181,16 €/Probe teurer.

6.3   Einführung der Prozesskostenrechnung

Zur Einführung einer Prozesskostenrechnung in einem Unternehmen wird folgendes Vorgehen vorgeschlagen.

1. *Abschätzung des Aufwandes für eine Prozesskostenrechnung*
Innerhalb weniger Wochen verschafft man sich mit einer Abschätzung des Aufwandes die Sicherheit, ob sich eine Einführung der Prozesskostenrechnung lohnt. Dabei sollte man im einzelnen Folgendes durchführen:

- Auswahl einiger besonders wichtiger Produktgruppen oder Produkte;
- Beschränkung auf die großen Gemeinkostenblöcke aus der Kostenrechnung;
- Feststellen der wichtigsten Bezugsgrößen;
- Durchführung einer Probe-Kalkulation mit einem Tabellenkalkulationsprogramm.

2. *Einführen der Prozesskostenrechnung*
Wenn sich die Einführung der Prozesskostenrechnung lohnt, sollte sie, zusätzlich zur herkömmlichen Kostenrechnung, umfassend eingeführt werden. Dazu gehören folgende Tätigkeiten:

- Alle Produktgruppen oder Produkte erfassen;
- alle Kostenstellen berücksichtigen;
- Prozessketten aufbauen (auch kostenstellenübergreifend);
- Einführung der Prozesskostenrechnung im gesamten Unternehmen (EDV-gestützt).

3. *Erkenntnisse in Maßnahmen umsetzen*
Nach der Einführung der Prozesskostenrechnung müssen Maßnahmen zur *Vermeidung der Verschwendung* bzw. zur *Verbesserung der Arbeitsproduktivität*, beispielsweise zur Verbesserung der Unternehmensorganisation, der Sortimentspolitik und der Vermarktung der Produktes eingeleitet werden. Dies betrifft insbesondere folgende Maßnahmen:

- Prozessverantwortlichkeit einführen;
- Kennzahlen für die Bewertung der Gemeinkosten entwickeln;
- Sortimentspolitik ändern;
- Preispolitik ändern.

Kalkulation im Handel 7

Jedes Unternehmen führt, meist zur Abrundung seiner Produktpalette, auch Handelswaren mit sich. Deshalb spielt auch die *Handelskalkulation* eine Rolle. Das Schema einer einfachen Zuschlagskalkulation zeigt Abb. 7.1.

In der Praxis werden jedoch, vor allem im Einzelhandel, die Verkaufspreise mit Hilfe eines einheitlichen *Kalkulationsaufschlags* ermittelt, der die differenzierte Kostenverursachung der einzelnen Teilleistungen nicht berücksichtigt. Dabei sind die Begriffe *Kalkulationsaufschlag* und *Handelsspanne* zu unterscheiden.

Der *Kalkulationsaufschlag* ist die Differenz zwischen Verkaufspreis und Einstandspreis, bezogen auf den *Einstandspreis*. Die Formel dazu lautet:

$$\textit{Kalkulationsaufschlag} = (\textit{Verkaufspreis} - \textit{Einstandspreis})/\textit{Einstandspreis}$$

Er gibt an, mit welchem Faktor man den *Einkaufspreis multiplizieren* muss, um zum Verkaufspreis zu kommen.

Die *Handelsspanne* errechnet sich aus:

$$\textit{Handelsspanne in \%} = (\textit{Verkaufspreis} - \textit{Einstandspreis})/\textit{Verkaufspreis} \times 100$$

Die Handesspanne gibt an, wieviel *Prozent* vom *Verkaufspreis abgezogen* werden können, um zum Einkaufspreis zu gelangen.

E. Hering, *Kalkulation für Ingenieure*, essentials,
DOI 10.1007/978-3-658-05199-0_7, © Springer Fachmedien Wiesbaden 2014

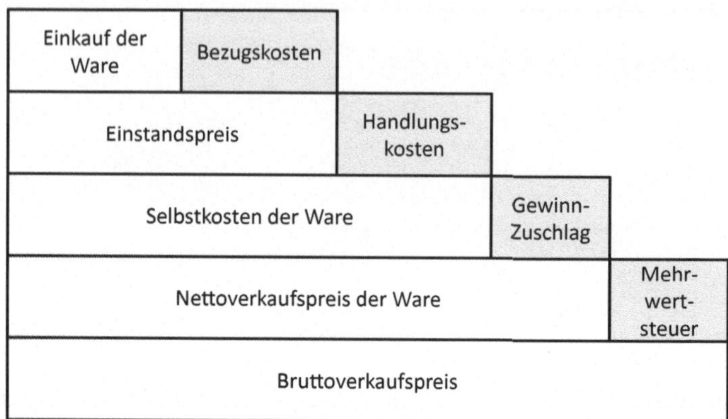

Abb. 7.1 Schema der Handelskalkulation. (Eigene Darstellung)

Was Sie aus diesem Essential mitnehmen können

- Differenzierte Kalkulationen für Produkte, Dienstleistungen und Handel sind möglich.
- Möglichkeiten, markt- und kundenorientierte Angebote können erstellt werden.
- Möglichkeiten für schlanke Prozessen werden aufgezeigt.
- Hinweise zur Kostensenkung bieten eine Möglichkeit zur Steigerung der Wirtschaftlichkeit zur Herstellung von Produkten und Dienstleistungen.

Weiterführende Literatur

Bormann, J.: Prozesskostenrechnung im Dienstleistungsunternehmen. Grin Verlag, München (2013).

Bronner, A.: Angebots- und Projektkalkulation: Leitfaden für Praktiker. Springer Verlag, Heidelberg (2007).

Cremer, U.: Professionelle Kostenrechnung und Kalkulation im Kleinbetrieb. MVG Verlag (1999).

Erichsen, J., Riederer, W.H.: Haufe Lexware, Freiburg i. Br. (2013).

Grüning, T.: Prozesskostenrechnung und Kostentreiberanalysen. Diplomica-Verlag, Hamburg (2010).

Hering, E., Draeger, W.: Handbuch Betriebswirtschaft für Ingenieure, 3. Aufl. Springer Verlag, Heidelberg (2000).

Hering, E.: Deckungsbeitragsrechnung für Ingenieure. Springer Essential (2014).

Kaplan, et al.: Prozesskostenrechnung als Managementinstrument. Campus Verlag, Frankfurt (1999).

Kichel, R., et al.: Neuere Formen der kostenrechnung mit Prozesskostenrechnung. Carl Hanser Verlag, München (2004).

Penner, J.: Prozesskostenrechnung und Target Costing in mittelständischen Unternehmen. Grin Verlag, München (2013).

Posluschny, P.: Kostenrechnung leicht gemacht: Eine praktische Anleitung – von der Deckungsbeitrags- bis zur Prozesskostenrechnung. Redline Verlag, München (2008).

Remer, D.: Einführung der Prozesskostenrechnung: Grundlagen, Methodik, Einführung und Anwendung. Schäffer-Poeschel, Stuttgart (2005).

Roser, S.: Kalkulation von Handelswaren. Grin Verlag, München (2013).

E. Hering, *Kalkulation für Ingenieure*, essentials,
DOI 10.1007/978-3-658-05199-0, © Springer Fachmedien Wiesbaden 2014